U0186388

科学真有趣·改变世界的中国传统大发明

威震四方的火药

姜蔚/文　马开峰　李婧喜　江晓晖/图

江西高校出版社

噼里啪啦，砰——只见夜空中绽放“花朵”，耳畔传来喜庆的欢呼声，原来是在放鞭炮和烟花啊！

中国人无论是过节，还是举行庆祝活动，都会放鞭炮和烟花，这是从古时候就流传下来的习俗。那么，鞭炮和烟花是怎么发明出来的呢？这还要从火药的发明说起——

传说，秦始皇统一六国以后，想长生不老，所以他派了很多人寻找长生不老的药。可是派出去的人都没有找到这种药，秦始皇非常生气，暴跳如雷地说：“难道就没有其他办法了吗？”

这时，有一名方士（道士一派）站了出来，说：“陛下，我可以为您炼制长生不老的丹药。”

秦始皇满心欢喜，让这名方士留下来炼药。可还没等丹药炼制出来，秦始皇就去世了。

后来，还有好几位皇帝也想长生不老，他们花了很多钱让道士炼制仙丹。结果，仙丹没有炼成，“毒药”倒是炼成了。

唐穆宗、明世宗等都是因为长期服用丹药中毒而亡的。

不过，在炼丹的过程中发生了一件奇怪的事情。道士们发现，将硝石和硫黄研磨成粉，再加入皂角子，倒进炼丹炉，里面就会发生剧烈的反应……
看，炼丹炉在动，我们的丹药就要炼成了！
瞧瞧，马上就要大功告成了！

轰

就在他们欢天喜地之时，“轰——”一声，炼丹炉炸了！周围的人全都受了伤。

后来，道士们炼丹时都小心翼翼地，生怕再发生这样的“爆炸事件”。他们不断地改进配方，加入一些新材料，比如马兜铃或者炭。可是，不管怎么改良，还是经常会发生爆炸。

这种让道士们担惊受怕的“会着火的”丹药，就是威力巨大的火药。

虽然火药不是道士们想要的东西，但它却成了军事家们的“宝贝”。火药发明之前，士兵们打仗的时候会用火攻，就是在箭头上绑一些油脂、松香等易燃物，点燃后用弓箭射出去，敌方阵地就会变成一片火海。

到了唐代，有了火药，攻击力大大增强。有一次，唐朝一个叫郑播的将领负责攻打豫章城（今江西南昌）。

他命令士兵把火药包放在投石机上，嗖嗖地抛向城门，只听“轰隆隆——”坚固的城门一下子就被炸毁了。
城门已破，将士们，冲啊！

到了北宋时期，火药武器变得越来越厉害。一个叫冯继升的人发明了世界上最早的喷射火器。他在箭杆前端绑上火药筒，火药燃烧向后喷气，箭就射出去了。

后来，一个叫唐福的人也向朝廷献上了一种火箭，还有他发明的火球、火蒺藜等火器。火蒺藜“长相奇特”，表面有很多菱角形的尖刺，不仅会燃烧，还可以把敌人砸个半死。

今天我们生产了
七千支弩火药箭，
一万支弓火药箭。

宋朝经常打仗，需要大量火器。宋神宗专门设立军器监，管理全国的军器制造。当时的生产规模非常大，有十大作坊，四万多名工人，一天可以生产上万支火药箭和火炮。
还有三千个火蒺藜，两万个皮火炮。
不错，不错！大家辛苦了！

到了南宋时期，一个叫陈规的人发明了一种新火器——火枪。

火枪是用长竹竿做成的。作战前先把火药装在里面，然后点燃，里面就会喷射出火焰。

后来，又有人改进了火枪，用粗竹筒制作火枪，枪里面可以放弹丸或者石头。当火药燃烧时，火枪会产生强大的推力，把弹丸或者石头射出去。这种火枪被称作“突火枪”。

不管是火枪还是突火枪，它们都是用竹子做的，那为什么不用金属做呢？到了元朝，真的出现了铜火铳、铁火铳。这些大家伙比火枪的威力大多了。有了它们，元朝军队在战场上如虎添翼。

冲啊——

这玩意儿
怎么用啊？
把弹丸放进去，然后
点燃火药……

既然火铳这么厉害，自然要大量制造。另外，明朝还组建了使用火器的部队——神机营，专门训练士兵们使用火铳打仗。

火弩流星箭
一窝蜂
明朝的火器发展得特别快，除了火铳，人们还发明了各种各样的火箭，最多的一次可以发射100支箭。
百虎齐奔箭

在水上作战的时候，可以请出一种叫“火龙出水”的火器。它可以在水面上飞行将近两千米，用“龙口”里的火箭攻击敌人的船只。

火药和火器的发展不仅影响了中国，也影响了全世界。早在13世纪，火药就走出了中国，传到了阿拉伯国家。阿拉伯人还给它取了一个浪漫的名字——中国雪，因为火药里的硝石是白色的，让人联想到雪。

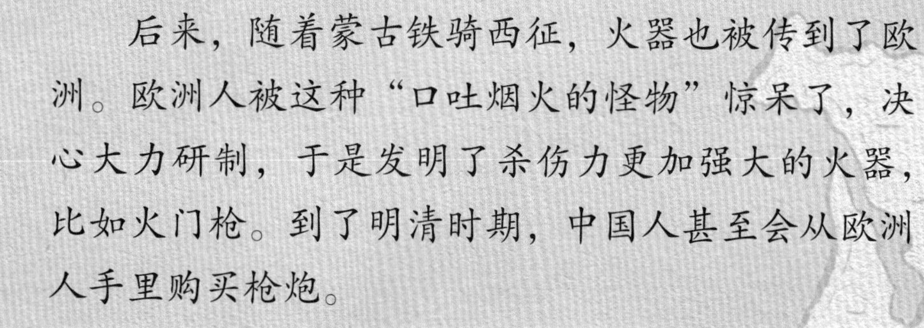

后来，随着蒙古铁骑西征，火器也被传到了欧洲。欧洲人被这种“口吐烟火的怪物”惊呆了，决心大力研制，于是发明了杀伤力更加强大的火器，比如火门枪。到了明清时期，中国人甚至会从欧洲人手里购买枪炮。

在过去的几百年里，火药和火器发展飞快，炮弹、炸弹、导弹、地雷、鱼雷、手榴弹……它们就像是一个个“武林高手”，威力十足。

那么，除了用在战场上，火药在我们的日常生活中是不是就不重要了呢？当然不是。可以说，火药的用途非常广泛。除了过节时燃放的烟花、爆竹，人们还会用火药做很多好事呢，比如开矿、修路、拆高楼、疏通河道……

火药轰隆隆——火药的发明推动着历史的车轮滚滚向前！如今，它被广泛应用于我们的生活中和工业上。这让人不由得感叹：火药真是一项伟大的发明啊！

图书在版编目（CIP）数据

威震四方的火药 / 姜蔚文；马开峰，李婧喜，江晓晖图. --
南昌：江西高校出版社，2024.2
（科学真有趣. 改变世界的中国传统大发明）
ISBN 978-7-5762-4547-9

Ⅰ. ①威… Ⅱ. ①姜… ②马… ③李… ④江… Ⅲ. ①火药－技术史－中国－儿童读物 Ⅳ. ①TJ41-49

中国国家版本馆CIP数据核字(2024)第002032号

威震四方的火药
WEIZHENSIFANG DE HUOYAO

策划编辑：王　博
责任编辑：王　博
美术编辑：张　沫
责任印制：陈　全

出版发行：江西高校出版社
社　　址：南昌市洪都北大道96号（330046）
网　　址：www.juacp.com
读者热线：(010)64460237
销售电话：(010)64461648

印　　刷：北京印匠彩色印刷有限公司
开　　本：787 mm × 1092 mm　1/12
印　　张：3
字　　数：42千字
版　　次：2024年2月第1版
印　　次：2024年2月第1次印刷
书　　号：ISBN 978-7-5762-4547-9
定　　价：19.80元